NIEDERBRONN

und

SEINE UMGEGEND.

SPECIALKARTE FÜR TOURISTEN

Maßstab 1:40,000.

Zusammengestellt und gezeichnet durch

HERLACH

Kaiserl. Förster.

Strassburg,

Verlag von Karl J. Trübner.

1882.

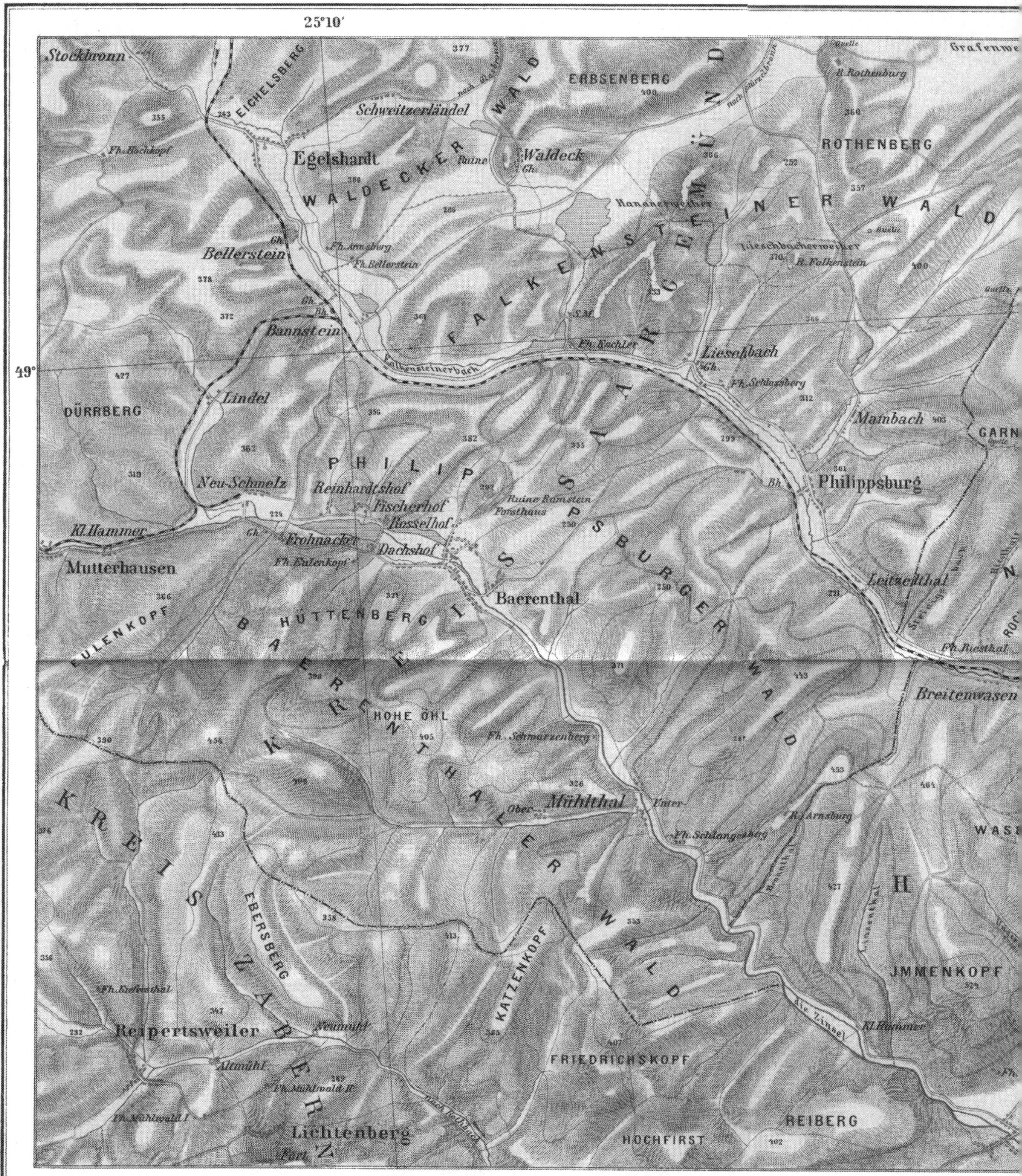

F. A. Brockhaus'

1000 Meter (1 Kilometer) — Bezirksgrenze — Kreisgrenze — Eisenbahnen — Strassen — Bessere

Gh. Gasthaus E.W. Eisenwerk S.M. Sägemühle Stbr. S

Die schwarzen Zahlen drücken die Erhe

lt. Leipzig.

Weniger gute Wege u. Fusspfade — Mit Wegweisern versehene Touristenwege — Bh. Bahnhof — Fh. Forsthaus — R. Ruine — 1000 Schritt

Kirchen u. Kapellen — Kleinere Denkmäler — Mühlen.

Meeresfläche in Metern aus.

Verlag von KARL J. TRÜBNER in Strassburg.

Mühl, Gustav. Ein elsässischer Gruss an Kaiser Wilhelm I. am Tage der Ankunft Seiner Majestät in Strassburg, den 1. Mai 1877 dargebracht. gr. 8° pp. 8 auf holländischem Papier. 1877. M. — 40

—— Aus dem Elsass. Gedichte. 8° 180 S. Lwdbd. M. 3 57
broch. M. 3 —

Rathgeber, Julius. Münster im Gregorienthal. Ein Beitrag zur politischen, kirchlichen und kulturhistorischen Geschichte des elsässischen Münsterthales. Bevorwortet von Aug. Stöber, Prof. a. D. und Stadtbibliothekar in Mühlhausen. 8° VIII und 192 S. 1874. M. 2 80

—— Die Grafschaft Hanau-Lichtenberg. Eine elsässische Volksschrift. 8° 273 S. 1876. M. 4 —

Räthselbuch, Strassburger. Die erste zu Strassburg ums Jahr 1505 gedruckte deutsche Räthselsammlung. Neu herausgegeben von A. F. Butsch. 8° pp. X, 38. 1876. M. 4 —

Rocholl, Dr. Heinrich. Der grosse Kurfürst von Brandenburg im Elsass 1674—1675. Ein Geschichtsbild aus der Zeit als das Elsass französisch werden musste. Mit einer Karte zum Gefecht bei Türkheim. 8° VIII u. 98 S. 1877. M. 2 —

Scherer, W. Die Anfänge des deutschen Prosaromans und Jörg Wickram von Colmar. 8° 103 S. (Quellen und Forschungen. XXI Heft) 1877. M. 2 50

Schmidt, Erich. Reinmar v. Hagenau und Heinrich v. Rugge. Eine literarhistorische Untersuchung. 8° 122 S. (Quellen und Forschungen, IV. Heft.) 1875. M. 3 60

Schmoller, Gustav. Strassburgs Blüte und die volkswirthschaftliche Revolution im XIII. Jahrhundert. 8° 35 S. 1875. M. 1 —

—— Strassburg zur Zeit der Zunftkämpfe und die Reform seiner Verfassung und Verwaltung im XV. Jahrh. Rede gehalten zur Feier des Stiftungsfestes der Universität Strassburg, am 1. Mai 1875. Mit einem Anhang enthaltend die Reformation der Stadtordnung von 1405 und die Ordnung der Fünfzehner von 1433. 8° IX u. 164 S. (Quellen und Forschungen, XI. Heft.) 1875. M. 3 —

Schmoller, Gustav. Die Strassburger Tucher- und Weberzunft. Urkunden u. Darstellung nebst Regesten und Glossar. Ein Beitrag zur Geschichte der deutschen Weberei und des deutschen Gewerberechts vom XIII.—XVII. Jahrh. 4° XXI und 588 S. 1879. M. 25 —

Schricker, Dr. Aug. Elsass-Lothringen im Reichstag vom Beginn der ersten Legislatur-Periode bis zur Einführung der Reichsverfassung. Sämmtliche auf Elsass-Lothringen bezügliche Interpellationen, Gesetzentwürfe, Verwaltungsberichte und Debatten. Gr. 8° IV und 304 S. 1873. M. 4 —

—— In die Vogesen. Ein Führer. Mit 4 Specialkarten in Photographiedruck und einer Uebersichtskarte. Ausgabe 1874. Mit Nachtrag. 8° VI und 208 S. Eleg. geb. 1874. (M. 3. 60) herabges. Preis M. 2 50

Spach, Ludwig. Moderne Culturzustände im Elsass. 3 Bände. 8° 1873—1874. M. 13 —

—— Heinrich Waser. Ein Drama in fünf Akten mit Gesängen. 8° 130 S. 1875. M. 2 —

—— Zur Geschichte der neueren französischen Literatur, Essays. 8° V u. 374 S. 1877. M. 4 —

—— Dramatische Bilder aus Strassburgs Vergangenheit. 2 Bände. 8° 263 und 262 S. 1876. M. 6 —

Inhalt: Fischart oder der Züricher Hirsebrey. — Peter Swarber, oder die unruhige Woche. — Dominikus Dietrich, Ammeister von Strassburg. — Fritz von Dietrich, der erste Maire von Strassburg.

Tobias Stimmers Strassburger Freischiessen vom Jahre 1576. Nach dem Original-Holzschnitt der Kais. Universitäts- und Landesbibliothek zu Strassburg im Lichtdruck-Facsimile mit erklärendem Texte herausgegeben. 1 Blatt Fol. Text auf holländ. Papier. M. 12 —

Urkunden und Akten der Stadt Strassburg, herausgegeben mit Unterstützung der Landes- und der Stadtverwaltung.

1. Abtheilung: **Urkundenbuch der Stadt Strassburg.** 1. Bd. Urkunden und Stadtrechte bis zum Jahr 1266 bearbeitet von Wilhelm Wiegand. 4° XV, 585 S. 1879. M. 30 —

(Band 2 und 3 in Vorbereitung.)

2. Abtheilung: **Politische Correspondenz Strassburgs aus der Reformationszeit.** 1. Band. 8°. 1882. M. 14 —

Wigand, Wilh. Studien zur Elsässischen Geschichte und Geschichtsschreibung im Mittelalter. I. Bellum Waltherianum. Strassburger Habilitationsschrift. 8° 94 S. 1878. M. 2 —

Gesetzgebung von Elsass-Lothringen:

Ausführungsgesetze, die Elsass-Lothringischen, und Verordnungen zu den Reichsjustizgesetzen einschliesslich des Gesetzes über die Gewerbegerichte und des Forststrafgesetzes. Textausgabe mit französischer Uebersetzung und Anmerkungen. 8° VI und 357 S. 1880. M. 4 —

FSC
www.fsc.org
MIX
Papier | Fördert gute Waldnutzung
FSC® C083411

Kolibri 360 GmbH
Ferdinand-Jühlke-Straße 7
99095 Erfurt, Deutschland
produktsicherheit@kolibri360.de